SALARIYA

World of Wonder Dinosaurs © The Salariya Book Company Ltd 2007
版权合同登记号：19-2015-054

图书在版编目（CIP）数据

恐龙世界——回到中生代/（英）大卫·斯图尔特著，（英）
尼克·休伊森绘；黄丹彤译. —广州：新世纪出版社，2017.11
（2019.8重印）
（奇妙世界）
ISBN 978-7-5583-0734-8

Ⅰ. ①恐… Ⅱ. ①大… ②尼… ③黄… Ⅲ. ①恐龙—少儿读
物 Ⅳ. ①Q915.864-49

中国版本图书馆CIP数据核字〔2017〕第200944号

恐龙世界——回到中生代
Konglong Shijie——Huidao Zhongshengdai

出 版 人：姚丹林
策划编辑：王 清 秦文剑
责任编辑：秦文剑 黄诗棋
责任技编：王 维
封面设计：高豪勇

出版发行：新世纪出版社
　　　　　（广州市大沙头四马路10号）
经　　销：全国新华书店
印　　刷：广州一龙印刷有限公司
规　　格：889mm×1194mm　　　　开　本：16开
印　　张：2　　　　　　　　　　　字　数：14千
版　　次：2017年11月第1版　　　　印　次：2019年8月第3次印刷
定　　价：28.00元

质量监督电话：020-83797655　购书咨询电话：020-83781537

恐龙世界
—— 回到中生代

[英] 大卫·斯图尔特◎著　　[英] 尼克·休伊森◎绘　　黄丹彤◎译

嗷呜！

SPM
南方出版传媒
新世纪出版社
·广州·

文字作者：

　　大卫·斯图尔特，著有多部儿童科普读物，目前与妻子和儿子住在英国布莱顿。

嗷呜！

绘画作者：

　　尼克·休伊森，伊斯特本艺术学院插画专业毕业，有多年儿童图书绘画经验，涉猎广泛。

恐龙世界
——回到中生代

目 录

恐龙是什么？

恐龙是一种爬行动物，爬行动物的体表长着鳞片。现存的爬行动物有蜥蜴、蛇、鳄鱼等。恐龙的种类很多，有植食性恐龙，有肉食性恐龙。有的恐龙体形很小，有的恐龙体形巨大。

禽龙大约有9米长，是植食性恐龙。它们生活在1.2亿～1.1亿年前，栖息地分布在欧洲、北美洲和蒙古国。

禽龙

5

恐龙生活在哪个时代？

恐龙生活在23 000万～6 500万年前这段时间。我们把这段跨度巨大的时间称为中生代。

中生代除了恐龙，还有其他动物吗？

有！而且种类繁多，有昆虫、蜥蜴、鳄鱼、鸟类、长毛象，还有鱼类，这些动物都在中生代出现了，然而，在中生代还没有人类。

吼吼吼

对比图

始盗龙身长1米，是肉食性恐龙，生活在南美洲。

是对还是错？

恐龙共有700多个种类。这句话对吗？

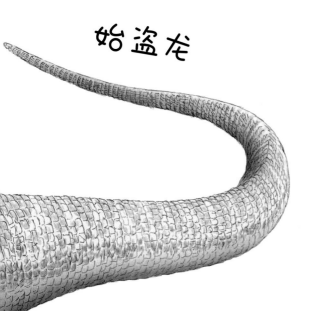

（答案见第31页）

始盗龙

兔鳄不是鳄鱼，是恐龙的祖先。它身长只有30厘米，以昆虫为食，生活在2.5亿年前，分布在南美洲地区。

兔鳄

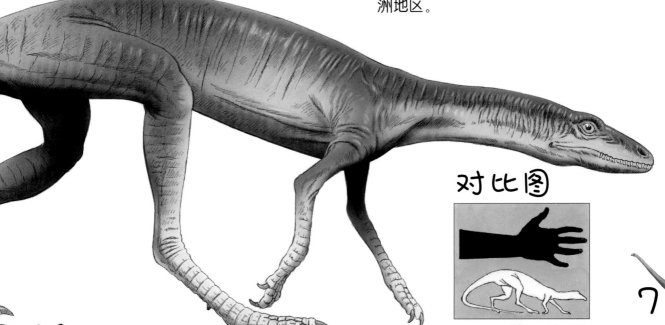

对比图

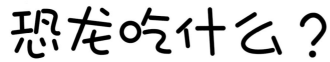

恐龙吃什么？

跟 今天大多数动物一样，有的恐龙吃植物，也有的吃肉。吃植物的恐龙叫作植食性恐龙。

是对还是错？

霸王龙的牙齿是锯齿状的。这句话对吗？

（答案见第31页）

像剑龙这种大型植食性恐龙，会吞食石头，以便把胃中的食物碾成糊状，帮助消化。科学家把这些石头称为胃石。

剑龙

剑龙生活在侏罗纪时代，分布在北美洲。

对比图

左图是剑龙和成年男子的体形对比图。

剑龙的脑袋像核桃一样大。

恐龙吃同类吗？

是的。大型的肉食性恐龙确实会猎食其他种类的恐龙。吃肉的动物叫作肉食性动物，既吃草也吃肉的动物叫作杂食性动物。

霸王龙

最大的肉食性动物是什么？

霸王龙可能是史上最大的肉食性动物。它攻击其他种类的恐龙，健壮的后腿让它在追捕和攻击猎物时占尽优势。

是对还是错？

"恐龙"这个词源自希腊语，意思是"恐怖的蜥蜴"。这句话对吗？

（答案见第31页）

霸王龙有着强而有力的颌和锋利无比的牙，这让它能轻易撕裂任何猎物。

哦呜！

霸王龙，顾名思义，是"蜥蜴中的霸主"。霸王龙身长可达14米，身高可达5米。

对比图

恐龙会下蛋吗？

人类发掘出了许多恐龙蛋化石。有些恐龙下蛋的方式，跟现在的鸟类和爬行动物一样，就是在地上挖个洞做窝，把蛋下在窝里。

人们在蒙古国南部挖掘出了窃蛋龙的蛋化石。

窃蛋龙

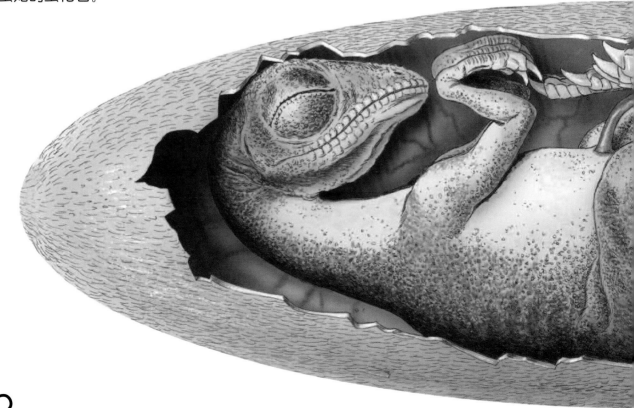

原角龙

世界上第一颗恐龙蛋化石是1923年在中国内蒙古被发现的，约一个小土豆大小，据称是原角龙的蛋化石。

对比图

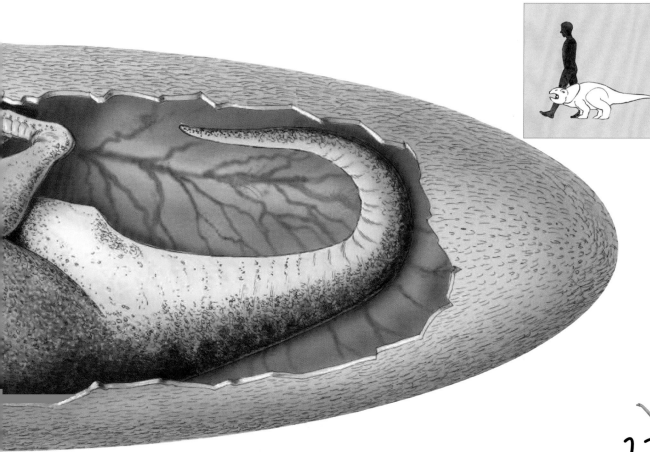

恐龙是好妈妈吗？

跟其他动物一样，恐龙里有好妈妈，也有坏妈妈。慈母龙（从名字就看得出来了）貌似就很会照顾恐龙宝宝。

慈母龙

恐龙蛋有多大？

慈母龙妈妈们会聚集在一起筑窝产蛋，每个窝距离大约7米，跟一只成年慈母龙妈妈的身长相当。

成群的慈母龙（植食性恐龙）聚集在产蛋区产蛋。

慈母龙一窝大概产12个蛋。每个蛋直径约12厘米，呈圆形。虽然很多恐龙身形庞大，但恐龙宝宝都很小，不过恐龙宝宝很快就长大了。

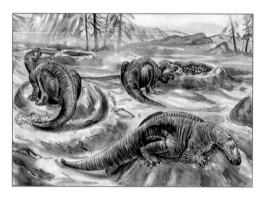

慈母龙妈妈们要时刻警惕饥饿的肉食性动物伤害到恐龙宝宝。

慈母龙妈妈们还会互相帮助，共同看护恐龙宝宝。

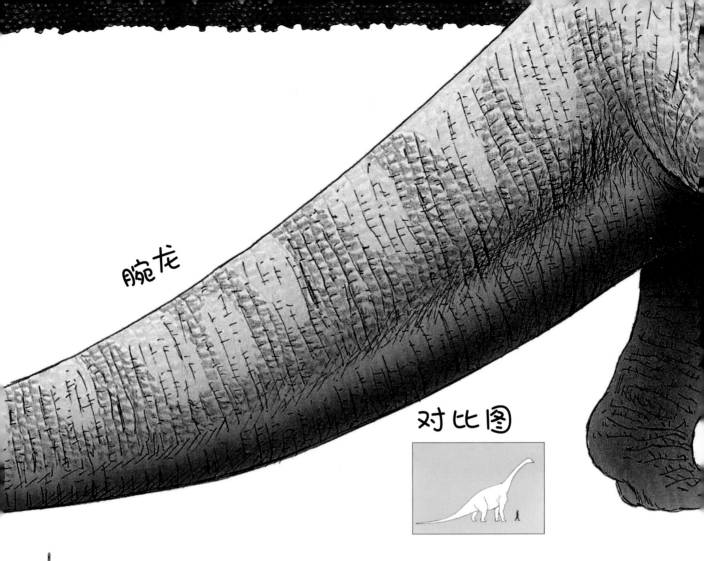

腕龙

对比图

恐龙比大象还大吗？

是 的，有些恐龙比公共汽车还大呢！它们是曾经生活在陆地上的最大的动物。

马门溪龙是植食性恐龙，身长22米，高5米。

腕龙是植食性恐龙，身长约23米，高约12米。这些巨大的恐龙生活在1.52亿～1.45亿年前，分布在今北非、东非和美国西部地区。

马门溪龙

马门溪龙生活在1.45亿年前，分布在今天的中国。

是对还是错？

恐龙也吃树干。

这句话对吗？

（答案见第31页）

17

恐龙会游泳吗？

恐龙不会游泳，不过它们喜欢泡在湖泊、河流里凉快凉快。有些跟恐龙同时代的爬行动物能够在水中生活，比如蛇颈龙类和鱼龙类。

薄片龙

薄片龙是最大的蛇颈龙类动物。薄片龙其实不是恐龙，而是一种长着鳍状肢的白垩纪海生爬行动物。

对比图

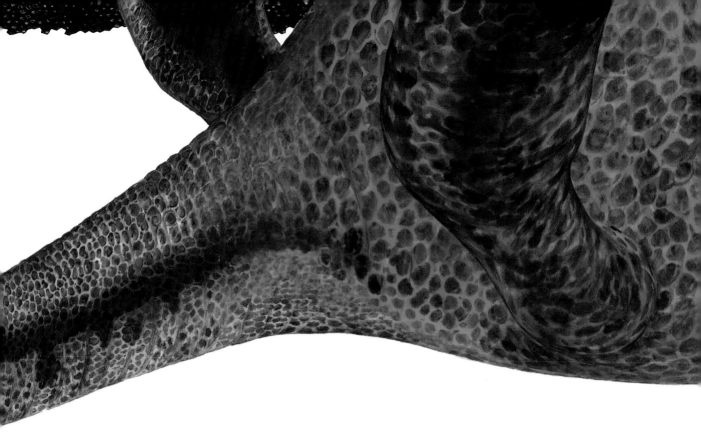

沙尼龙

是对还是错？

恐龙生活在一个叫"中生代"的时代，意思是"中间的时代"。这句话对吗？

（答案见第31页）

沙尼龙是最大的鱼龙类动物，长可达15米，生活在三叠纪，分布在北美洲。

恐龙会飞吗？

恐龙不会飞，但是有一种叫翼龙类的爬行动物会飞。它们的翅膀是皮膜生成的哦！

无齿翼龙是最大的翼龙之一。在欧洲和北美洲曾发现无齿翼龙的化石。

化石是生活在遥远过去的动物或者植物的遗体。经过千万年的演变，这些遗体慢慢变成石头，这个过程叫作石化。

无齿翼龙

是对还是错？

鸟类和爬行动物有亲缘关系。这句话对吗？

？？？？

（答案见第31页）

恐龙有羽毛吗？

最近在中国挖掘出的恐龙化石表明，一些体形较小的早期恐龙长有羽毛。这些早期肉食性恐龙的骨骼跟鸟类的骨骼一样，轻且中空。

对比图

像艾伯塔龙这种体形较大的肉食性恐龙是短跑健将，奔跑速度可达每小时40千米。

对比图

艾伯塔龙

恐龙会跑吗？

科学家通过测量恐龙脚印化石间的距离，发现有些恐龙确实会跑。恐龙奔跑时留下的脚印间距，跟恐龙走路时留下的脚印间距差别很大。

奔跑中的艾伯塔龙的脚印

对比图

理理恩龙

理理恩龙和艾伯塔龙都属于兽脚类恐龙。理理恩龙身长约5米，生活在约2.2亿年前，主要分布在德国和美国新墨西哥州。理理恩龙经常捕食体形比它大的爬行动物。

是对还是错？

恐龙跑得比现存所有动物都要快。这句话对吗？

（答案见第31页）

恐龙有骨头吗？

恐龙有骨头，科学家们正是通过研究恐龙的骨骼来认识恐龙的。因为恐龙身体柔软的部分在它死亡之后便腐烂了，只有坚硬的部分会残留下来，形成恐龙化石。所以，我们发现的恐龙化石几乎都是恐龙身体中坚硬的部分，比如骨骼、牙齿、蛋壳和胃石。

鳄鱼

鳄鱼对于研究恐龙有什么帮助？

科学家运用已知的现有爬行动物的相关知识，比如关于鳄鱼的知识，来推断恐龙可能有哪种肌肉，有哪些内脏器官。

恐龙骨骼是怎样被挖掘出来的？

发现恐龙化石后，首先，在石化的骨骼表面铺一层湿纸巾。接着，在湿纸巾上面包裹一层浸泡过石膏液的厚绷带。等石膏硬化了，再小心翼翼地把化石翻过来，在另一边用同样的步骤覆上纸巾和绷带。完成这些步骤之后，便可将化石抬出来。

是对还是错？

霸王龙是最凶猛的恐龙。这句话对吗？

（答案见第31页）

25

恐龙是怎样灭绝的？

恐龙以及大多数海生爬行动物突然销声匿迹，到底发生了什么事？许多科学家认为，一颗巨大的陨石（外太空的巨大石块）撞击了地球，撞击造成的灰尘遮盖了整个天空，挡住了太阳发出的光和热，这导致地球被寒冷和黑暗侵袭，而这段时间持续了数月，甚至数年。

恐龙是怎么死的？

尘云遮天蔽日。

没有了光和热，植物停止了生长。

植食性恐龙忍饥挨饿，体形最大的恐龙最先饿死。

撞击地球的陨石直径约15千米。科学家推测这颗陨石的体积可能更大，但是它在经过大气层的时候被燃烧分解了不少。

肉食性恐龙以死亡的食草动物为食。

当食物来源耗尽时，肉食性恐龙也相继死亡。

千百万年后，新的哺乳动物和鸟类在地球上进化出现。

人类怎么研究恐龙？

科学家们挖掘出恐龙化石，从这些残缺的碎片便可推算出恐龙的构造和特征。凭一根恐龙骨头的尺寸，科学家们就能推断这只恐龙大概有多高、多大。

一颗恐龙牙齿能告诉我们什么？

从一颗牙齿我们能得出动物的觅食方式。肉食性动物的牙齿很锐利，而植食性动物的牙齿则钝而平。

博物馆里展示的恐龙是真正的骨头做成的吗？

不是。我们在博物馆里看到的恐龙骨架只是模型，是按照真实恐龙骨架所做的精确复制品。

骨化石都经历了些什么？

在挖掘现场，从石头和沙子中清理出来的骨化石被涂上一层石膏液。

骨化石被运到博物馆后，已经硬化的石膏被移除，同时骨化石的模型也铸造完成。

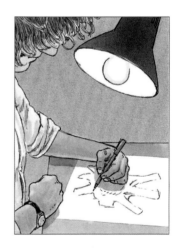

科学家和艺术家商讨如何将通过骨化石模型复制出来的"骨头"拼接起来。

词汇

白垩纪 1.46亿年前到6 500万年前的这段时间。恐龙在白垩纪结束的时候消失。

化石 存留在岩石中的动物或植物的遗体。

肉食性动物 以肉为食物的动物。

三叠纪 2.45亿年前到约2亿年前的这段时间。

蛇颈龙 脖子特别长的海生爬行动物。

兽脚类恐龙 一种两足行走或奔跑的恐龙。

胃石 被动物吞食进腹中，帮助研磨食物的石头。

翼龙 一种能飞行的爬行动物，与恐龙生存在同一时期。

鱼龙 一种长得像鱼的海生爬行动物。

杂食性动物 既吃肉也吃植物的动物。

植食性动物 以植物为食物的动物。

侏罗纪 约2亿年前到1.46亿年前的这段时间。

埃雷拉龙是肉食性恐龙，高达3米。

答案

第7页 正确！恐龙有超过700个不同种类，包括肉食性恐龙，比如霸王龙，以及植食性恐龙，比如剑龙。

第8页 正确！霸王龙的牙齿是锯齿状的，适合切割肉类。霸王龙的牙齿长达20厘米，但大部分埋在齿龈中。

第10页 正确！希腊语中"恐龙"的意思是"恐怖的蜥蜴"。

第17页 正确！科学家在研究恐龙粪便化石时，发现其中含有树木木质纤维。这表明有一些植食性恐龙的食物是坚硬的树干。

第19页 正确！恐龙生活的时代叫作"中生代"，在希腊语中的意思是"中间的时代"。

第21页 正确！鸟类和爬行动物是近亲。有种古代生物叫始祖鸟，它有着鸟类的羽毛，恐龙的牙齿、爪和尾巴。

第23页 错误！科学家认为，奔跑速度最快的恐龙是似鸟龙，最高时速可达每小时45千米。现今跑得最快的动物是猎豹，时速可达每小时100千米。

第25页 正确！霸王龙比一辆双层巴士还要高，身长约14米，确实非常吓人。不过近来科学家发现，还有比霸王龙更大的肉食性恐龙！

埃雷拉龙

吼吼吼！

始盗龙

索引 （按拼音首字母排序，粗体页码表示该页有关于该词的插图）